HEIKE ADAM · RAINER KAUFFELT

Eichhörnchen
ganz nah

Die Geschichte einer Freundschaft

blv

Inhalt

Wie alles begann

Ein schöner Zufall

Unsere Eichhörnchenleidenschaft begann vollkommen ungeplant und erst ganz allmählich. Denn die Eichhörnchen kamen nicht zu uns, sondern wir zu ihnen. Denn vor einigen Jahren sind wir, mein Lebenspartner Rainer und ich, in ein Reihenhaus gezogen mit relativ großem Garten und altem, fast 50-jährigem Baumbestand, darunter eine riesige Zeder. Wir hatten schnell entdeckt, dass in dieser Zeder Eichhörnchen lebten und haben uns immer gefreut, wenn wir sie ma kurz zu Gesicht bekamen. Das war zunächst eine ganz flüchtige Angelegenheit, wenn sie im Garten Nüsse suchten.

Das verlockende Futter

Nachdem die Hörnchen aber auch ab und zu an unser Vogelhaus und die Meisenknödel gingen, haben wir im Herbst 2012 beschlossen, eine eigene Futterstation für sie zu bauen. Diese haben wir an unsere Zeder gehängt und mit Nüssen befüllt. Zu unserer großen Überraschung wurde sie sofort angenommen, und die Hörnchen haben ganz schnell verstanden, dass sie durch den großen Spalt vorne in die Futterstation hineinspringen können.

Es hat sich schnell bei den Eichhörnchen herumgesprochen, dass es bei uns im Garten viele leckere Nüsse gibt. Die Futterstation wurde oft besucht, sodass wir regelmäßig nachfüllen mussten. Doch irgendwann gingen uns die Nüsse aus. Und in den umliegenden Supermärkten gab es auch keine mehr, denn es war inzwischen Frühling geworden. Also fütterten wir die Eichhörnchen mit Sonnenblumenkernen – die auch sehr gut ankamen.

Verwechselung

Das Eichhörnchen, das bei uns auf der Zeder lebte, haben wir Willi genannt. Als wir ihn mal wieder fotografiert hatten, wie er Moos für den Kobel, wie das Nest der Eichhörnchen genannt wird, zusammensuchte, fiel uns plötzlich etwas Interessantes auf. Beim Betrachten der Bilder am Computer bemerkten wir nämlich ein paar Zitzen! Willi war also gar kein Eichkater, sondern eine säugende Eichhörnchenmutter. Trotzdem haben wir den Namen Willi beibehalten, da wir uns so sehr an ihn gewöhnt hatten.

Das Geschlecht der Eichhörnchen erkennt man am Abstand zwischen Geschlechtsteil und After. Beim Weibchen ist dieser Abstand sehr klein, beim Männchen ist der Abstand größer, ca. 1 cm. Trotzdem ist es nicht immer einfach, das Geschlecht des Eichhörnchens zu bestimmen, und wir lagen mit unserer Vermutung und Namenswahl schon oft falsch. Gerade bei Eichhörnchenbabys und -kindern ist die Geschlechtsbestimmung besonders schwierig. Bei erwachsenen Eichkatern erkennt man während der Paarungszeit auch die Hoden deutlich – ab Herbst sind sie meist in den unteren Bauchraum eingezogen.

Bei Filippo (rechts) sieht man die Hoden sogar das ganze Jahr. Ein Eichhörnchenweibchen (links), hier ist es Annabel, erkennt man ganz eindeutig an den Zitzen, wenn es Junge hat.

Es hat sich bei allen Sulzbach-
hörnchen herumgesprochen, dass
es im Nuss-Bistro ein leckeres
Futterangebot gibt.

Die ersten Jungen

Und im Juni 2013 haben wir überraschenderweise zum ersten Mal Willis Nachwuchs gesichtet: Es waren zwei Eichhörnchenbabys, ein rotes und ein braunes. Wir waren so fasziniert von den Kleinen, dass wir alles andere um uns herum vergessen haben. Da wurde auch mal der Kaffee kalt und das Essen musste warten. Da es zu dieser Zeit kaum Eichhörnchenbücher gab, haben wir uns sehr viel Wissen im Internet angelesen. In einem Internetforum, in dem wir immer mal wieder unsere Eichhörnchenfotos geteilt haben, entstand dann die Idee, einen Eichhörnchenblog zu starten. Um unser Wissen über die Eichhörnchen weiterzugeben und natürlich auch die Fotos unserer »Sulzbachhörnchen-Familie« zu teilen, wie wir sie inzwischen genannt hatten.

»Zum glücklichen Eichhörnchen«

Der Futterkasten wurde so gut angenommen, dass wir noch einen zweiten gebaut haben, um Streitereien zu vermeiden. Dieses Mal auf Stelzen, sodass wir ihn auch auf der Terrasse aufstellen konnten, um die Eichhörnchen noch besser beobachten zu können. Das hintere Bein haben wir etwas länger geplant, damit Regen besser abfließen kann. Doch dies genügte den Hörnchen nicht. Als es einmal so stark geregnet hatte, dass wir die kleingeschnittenen Äpfel und Karotten statt zum Futterkasten zu bringen einfach auf unserem Pflanztisch abgestellt hatten, kam prompt Willi und bediente sich selbst. Also wurde im Herbst 2014 der Pflanztisch kurzerhand zum Eichhörnchentisch umfunktioniert – mit so großem Erfolg, dass er den Namen Nuss-Bistro »Zum glücklichen Eichhörnchen« bekam. Seitdem liegen hier immer Nüsse und auch Äpfel und Karotten bereit. Und da das Nuss-Bistro auf unserer Terrasse steht, gestaltet sich das Fotografieren leichter.

Die Sulzbachhörnchen

Stammesmutter Willi

Willi ist für uns die Stammesmutter, denn mit ihr fing unsere Eichhörnchenleidenschaft an. Zwei Jahre hintereinander hatte sie ihren Wurfkobel in unserer Zeder, sodass wir ihren Nachwuchs immer relativ jung zu Gesicht bekamen. Sie ist die Mutter von Fips und Filippo und von Anton und Antonia. Für ihren Nachwuchs dachte sie sich immer schwierige Übungen aus. Da sie uns bereits kannte, war sie nicht mehr ganz so scheu. Wir kamen relativ nah an sie heran, ohne dass sie uns »anschimpfte«. Sie war auch die Erste, die den Winterschutz von unseren Pflanzen klaute, um ihren Kobel wärmer einzurichten. Während eines Schneeschauers gelang es ihr, einige Jutestücke abzutransportieren. Sie hat ein rotes Fell.

Fips

Fips stammt aus dem ersten Wurf 2013 von Mutter Willi. Er hat ein sehr schönes hellrotes Fell. Am Anfang hat er versucht, den Futterkasten auszuhängen, weil er nicht wusste, wie er ans Futter gelangen sollte. Später hat er dann auch oft unter die Futterplattform geschaut, ob nicht dort noch leckeres Futter versteckt ist, und saß auch gerne träumerisch auf der Plattform. Fips ist immer etwas tollpatschig und auch mal in den Teich gefallen, als er auf unserem Dekostein sitzend daraus trinken wollte. Er ist aber ganz schnell wieder hinausgesprungen und ihm ist nichts passiert. Wir achten natürlich darauf, dass der Teich flache Uferzonen hat, damit die Tiere wieder hinausgelangen können.

Filippo

Filippo ist Fips Bruder. Er hat ein edles dunkelbraunes Fell. Sein Erkennungszeichen: Er hat eine Einkerbung im rechten Ohr, deshalb auch sein Spitzname Schlitzohr. Am Anfang wurde er Filippa genannt, da wir das Geschlecht nicht wussten. Er kam im Jahr danach nur noch ganz sporadisch und dann im Juli 2015 erstmals wieder in unseren Garten. Es ist das erste und einzige unserer Hörnchen, das uns aus der Hand frisst! Er ist aber trotzdem sehr vorsichtig und wahrt gerne eine gewisse Distanz. Filippo wird auch Karottenhörnchen genannt. Denn er war das erste unserer Hörnchen, das sich an Möhren getraut hat. Außerdem nennen wir ihn auch gerne Krümelmonster, da er beim Nüsse fressen so sehr krümelt! Er kommt vor allem im Frühjahr und Sommer sehr häufig zu uns, wenn das Futterangebot in der Natur noch nicht sehr groß ist.

Anton

Anton stammt aus dem Wurf von Willi aus dem Jahr 2014. In der ersten Zeit war er am liebsten mit seiner Schwester Antonia zusammen unterwegs. Beide haben gerne gemeinsam gefressen und getrunken und auch gerauft, wie das unter Geschwistern so üblich ist. Anton saß immer sehr gerne neben der Zeder im Gras und hat dort die Sonnenblumenkerne gefressen. Und ganz gleich wo er saß, er saß immer betont breitbeinig da. Anton ist sehr mutig und hat immer alles genau untersucht und alles probiert, was die Natur so hergibt in unserem Garten. Sein Fell ist sehr schön und glänzend rot. Zusammen mit Mutter Willi war er der Erste, der das Nuss-Bistro erobert hat. Er ist einer unserer Eichhörnchen-Stars, denn eines unserer besten Fotos ist uns mit ihm gelungen, als er im grünen Gras saß.

Antonia

Antonia ist Antons Schwester und hat ebenfalls ein tolles rotes Fell. Im Frühsommer gingen ihr erstmal nur am rechten Ohr die Ohrpinsel aus, deshalb haben wir sie dann Einohrpuschel genannt. Sie war ein bisschen schüchterner als ihr Bruder, sie liebte es aber, in unserem selbstgebauten Kobel ein Schläfchen zu halten oder dort zu sitzen und hinauszuschauen. So hatte sie immer alles im Blick. Am Anfang hat sie gerne mit Mama Willi zusammen im Futterkasten gefressen und blieb ganz in ihrer Nähe. War sie alleine im Futterkasten, passierte es manchmal, dass sie nicht mehr hinausfand, wenn sie in Panik geriet. Sie blieb noch sehr lange in der Zeder wohnen. Ihr erster selbst gebauter Kobel aus unseren Vliesstücken war allerdings nicht sehr sturmfest, und sie musste ihn wieder neu bauen.

Bambiii

Diese Eichhörnchendame fiel uns das erste Mal im Herbst 2014 auf, denn sie hatte einen weißen Fleck auf dem Rücken, daher der Name Bambiii. Manchmal wächst das Fell bei Eichhörnchen an Stellen, an denen eine Verletzung war, weiß nach. So wahrscheinlich auch bei Bambiii. Bambiii ist überhaupt nicht scheu, sie kennt uns nun schon recht lange und stört sich nicht daran, wenn wir sie permanent fotografieren. Sie hat ein wunderschönes dunkelrotes Fell und einen sehr buschigen Schwanz. Aber das beste Erkennungszeichen ist, dass sie ungeniert ins Wohnzimmer hüpft und sich ihre Nüsse aus der Schale am Boden holt, wenn die Tür offen steht. Wir sind uns nicht sicher, ob nicht Willi, die ungefähr im Sommer oder Herbst 2014 verschwunden ist, und Bambiii ein und dasselbe Hörnchen ist!

Sherlock-Hörnchen

Hier handelt es sich um einen Eichkater, der gerne die gesamte Wiese nach Nüssen abschnüffelt, daher die Namensgebung. Im Winter hat er tolle wellige Ohrpinsel und ein hellrotes Fell. Sein Köpfchen ist gräulich gefärbt. Er jagt gerne die anderen Eichhörnchen, auch Bambiii. Sherlock bewohnt einen Kobel in der Hängefichte und ist recht scheu. Er mag es gar nicht, wenn wir ihm zu nahe kommen. Um seinen Kobel einzurichten, hat er das Material eines anderen Kobels aus der Zeder verwendet. Auch das Stroh, das für unseren Igel für den Winter gedacht war, konnte er dafür gut gebrauchen. Wenn außergewöhnliche Requisiten auf dem Nuss-Bistro stehen, ist er erst mal ganz vorsichtig und traut der Sache nicht so recht.

Rosso

Rosso ist etwas kleiner, stammt vermutlich aus einem letztjährigen Wurf. Das Fell ist kastanienrot. Der Eichkater könnte ein Sohn von Bambiii sein, denn sie verjagt ihn nie und die beiden beschnuppern sich sogar manchmal. Er hat keinen Respekt vor Bambiii und holt sich auch seine Nüsse, selbst wenn sie gerade auf dem Tisch sitzt. Außerdem sieht er ihr sehr ähnlich. Rosso ist recht scheu und traut genau wie Sherlock neuen Requisiten nicht so recht. Wir gaben ihm den Namen nach der Salatsorte Lollo Rosso, da er gerne seine Nüsse in unserem Salat-Blumenkasten vergrub. Die Salaternte war prompt nicht sehr erfolgreich, da die kleinen Pflänzchen nicht wirklich eine Chance hatten. Aber Rossos Wintervorrat war wenigstens gesichert und wir ließen den Blumenkasten auch im Winter stehen, damit er seine Nüsse wiederfindet.

Schorsch

Schorsch ist ein junger Eichkater, der erst im November 2015 zu uns fand und recht spät, vermutlich im August, geboren wurde – eventuell auch ein Sohn von Bambiii. Er ist noch relativ klein, hat noch keinen sehr buschigen Schwanz und noch ganz flauschiges Babyfell. Schorsch hat wunderschöne lange Ohrpinsel. Die anderen Eichhörnchen jagen ihn gerne. Jedoch ist er ziemlich clever und kann sich gut verstecken, bis die Luft rein ist. Er kommt täglich zu uns und kennt auch keine Winterruhe. Selbst als die anderen erwachsenen Eichhörnchen im Winter das Vergraben der Nüsse eingestellt hatten und nur noch welche ausgruben, hat er immer noch eifrig die Nüsse versteckt. Allerdings sind seine Nussverstecke nicht gut durchdacht, denn sie sind immer ganz offensichtlich zu sehen und jede Krähe freut sich darüber. Sogar in den Palmwedeln hat er schon eine Nuss versteckt.

Schorschino

Schorschino ist Schorschis Bruder. Wir haben ganz lange nicht gemerkt, dass es zwei Eichhörnchen-Geschwister sind, die zu uns kommen. Wir dachten, es sei ein und dasselbe Hörnchen! Erst als sie einmal beide zusammen aufgetaucht sind, haben wir unseren Irrtum bemerkt. Schorschino hat einen buschigeren Schwanz, ist etwas hektischer und schnüffelt gerne auf der Terrasse herum. Er ist viel mutiger als Schorschi und verjagt auch schon mal andere Hörnchen. Seine Nussverstecke sind manchmal sehr ausgefallen. So hat er sogar mal eine Nuss in der Regenrinne des Holzunterstandes versteckt. Seine Sprungtechnik ist noch nicht so gut, und er schafft es nicht immer, von der Holzpergola auf die Wand aus Glasbausteinen zu springen. Er behilft sich, indem er sich an der Mauer festkrallt.

Strubbi

Strubbi ist ein Eichkater mit sehr strubbeligem, grau-rotem Fell. Schon früh morgens sah er immer so aus, als müsste man ihn mal kämmen. Er ist sehr gutmütig und verjagt keine anderen Eichhörnchen. Wir vermuten, dass er der Vater von Anton und Antonia ist, denn seine Ohren zeigen ebenfalls so lustig nach innen wie bei Anton. Außerdem hat er die beiden nie gejagt, wenn er bei seiner Futtersuche auf sie traf, sondern ist ihnen lieber aus dem Weg gegangen und hat sie in Ruhe im Futterkasten fressen lassen. Strubbi hatte mal eine Verletzung am linken Hinterlauf, die aber gut geheilt ist. Es blieb nur weiß nachwachsendes Fell von dieser Verletzung zurück. Im Frühjahr kam er jeden Morgen um 7.30 Uhr an den Futterkasten, deshalb haben wir ihn auch Halb-Acht-Hörnchen genannt.

Annabel

Annabel ist eine Eichhörnchendame mit wunderschönem rotbraunem Fell und schwarzen Ohrpinseln. Sie ist sehr langbeinig und nicht sehr scheu. Voller Neugier untersucht sie gerne alles in unserem Garten. Sie hat sich sogar schon in unser kleines Vogelhäuschen gequetscht. Annabel bringt gerne im Frühjahr ihren Nachwuchs zu uns mit, denn dann ist das Futterangebot in der Natur ja noch rar. Erst kam sie mit ihren drei Kleinen. Und in diesem Frühjahr hatte sie dann beschlossen, gleich mit ihrem Nachwuchs in unsere Zeder umzuziehen. Sehr clever, denn so war die Verpflegung der süßen Hörnchen gesichert, denn ihr Wurf besteht aus sechs Jungen! Seitdem herrscht ein großes Eichhörnchengewusel in unserem Garten. Sie ist aber auch eine sehr strenge Mutter und hat einen Teil ihres Nachwuchses später aus ihrem Revier vertrieben.

Kinderreich

Der erste Nachwuchs

Eichhörnchen bekommen bis zu zwei Mal im Jahr Junge, im Frühjahr (März/April) und in einigen Fällen noch einmal im Sommer (Juli/August). Die Jungtiere werden nur von der Mutter aufgezogen. Am Anfang sind die Jungen – ein Wurf beinhaltet meist zwei bis sechs Junge – blind, taub und nackt und daher vollkommen von der Mutter abhängig. Ist der Wurfkobel parasitenbelastet, droht Gefahr oder fühlt sich die Mutter nicht mehr sicher, zieht die Mutter mit ihren Jungen in einen anderen Kobel um. Zwischen der sechsten und siebten Lebenswoche verlassen die Kleinen zum ersten Mal das Nest, bleiben die erste Zeit aber in unmittelbarer Nähe des Kobels.

Im Juni 2013 saßen wir gerade im Garten, als wir einige Eichhörnchen an der Zeder bemerkten. Bei genauerem Hinsehen stellten wir begeistert fest, dass es sich um zwei Eichhörnchenkinder mit ihrer Mutter handelte. Willi sprang in den Futterkasten, um Sonnenblumenkerne zu fressen, während die beiden Kleinen am Baum herumtollten und nach einer Weile den Futterkasten näher untersuchten.

Beim Familienausflug durchs hohe Gras: Mutter Willi gibt die Richtung vor, Fips und Filippo springen neugierig hinterher.

Balanceakt über den Zaun

Eichhörnchen sind Kulturfolger, d.h. sie folgen dem Menschen in Siedlungen und Städte und haben ihre Verhaltensweisen an die neuen Lebensräume sehr gut angepasst. Sie sind häufig in Parks, auf Friedhöfen und in Gärten anzutreffen – und selbst in Großstädten sind sie zu finden. Das Leben in den Siedlungen stellt die Eichhörnchen und insbesondere die Mutter bei der Jungenaufzucht vor neue Herausforderungen, denn sie müssen nicht nur auf Bäumen gut klettern können.

So denkt sich Mutter Willi immer wieder schwierige Übungen für ihren Nachwuchs aus. Denn die kleinen Eichhörnchenkinder müssen auch lernen, über einen dünnen Drahtzaun zu balancieren. Willi hat dieses Übungsprogramm ausgerechnet nach einem heftigen Regenschauer durchgeführt, was das Ganze noch schwieriger für die zwei Kleinen machte. Denn der Schwanz der Eichhörnchen dient auch dazu, beim Balancieren das Gleichgewicht zu halten. Und in diesem Fall war der Schwanz von Fips und Filippo pitschnass. Zuerst wollten die zwei Kleinen nicht so recht auf den Zaun springen, wurden dann aber von Willi sachte dazu aufgefordert. Also machten sich die zwei auf den

Manchmal sind Fips und Filippo vom Zaun abgestürzt, sodass Willi ihnen wieder hinaufhelfen musste.

*Anton und Antonia waren absolut
gut im Synchronfressen wie auch im
Synchrontrinken aus der Wasserschale.*

beschwerlichen Weg. Nach einigen Abrutschmanövern haben es beide dann doch geschafft und sind erschöpft den Baum hochgeklettert, zurück in den Kobel. Willi hat den beiden irgendwann ihren Kobel überlassen und ist in einen anderen umgezogen. Eichhörnchenkinder können nämlich noch keine Kobel bauen. Man nimmt an, dass diese Fähigkeit erst ab Eintritt der Geschlechtsreife vorhanden ist. Die kleinen Eichhörnchen müssen sich aber irgendwann ein neues Revier suchen, und so sind Fips und Filippo im Herbst verschwunden. Filippo kam sporadisch zurück, wenn er Hunger hatte. Wir vermuten, dass sein Revier etwas entfernt liegt und er deshalb nicht so häufig kommt.

Nachwuchs Nummer zwei

Als Fips und Filippo nicht mehr in unserem Garten lebten, muss Willi wieder in ihren Wurfkobel in der Zeder gezogen sein. Denn im Jahr darauf gab es dort wieder Eichhörnchennachwuchs. Eines Tages im April sahen wir zu unserer Überraschung in der Zeder drei Eichhörnchen herumspringen. Beim näheren Hinschauen, auch mithilfe unseres Teleobjektivs, das wir uns inzwischen zugelegt hatten, erkannten wir zwei kleine Eichhörnchen und ein großes. Willi hatte also wiederum zwei Junge bekommen, dieses Mal zwei rote. Wir tauften sie Anton und Antonia.

Synchron fressen und trinken

Die beiden Kleinen waren am liebsten immer zu zweit unterwegs. Da unser Futterkasten recht groß ist, haben die beiden tatsächlich zusammen dort hineingepasst – ein herrliches Bild, wie sie dann gemeinsam hinausgeschaut haben, um zu überprüfen, ob die Luft rein ist.

Oben: Der kleine Schorsch war faziniert von den bunten Christbaumkugeln in der Tanne.

Die beiden waren immer voller Energie und sind voller Übermut durch die Bäume und Sträucher gesprungen. Dabei war Antonia immer ein bisschen ängstlicher und vorsichtiger als ihr Bruder. Beide Eichhörnchenkinder saßen auch gerne auf dem Dach des Kobels – es war quasi ihr Spielplatz.

Eichhörnchenkinder wissen instinktiv, was sie mit einer Nuss machen müssen, allerdings wird die jeweilige Methode des Knackens erst durch Ausprobieren erlernt. Es kann am Anfang bis zu 15 Minuten dauern, während ein erwachsenes Hörnchen dies in 30 Sekunden schafft. Diese Versuche führte Antonia gerne in »unserem« Kobel durch.

Eichhörnchengeschwister bleiben oft noch eine Zeit lang zusammen, bevor sie sich eigene Reviere suchen. Natürlich haben die beiden auch gerne mal spielerisch gerauft oder sind zusammen von der Futterplattform gefallen. Neugierig wurde alles untersucht und probiert, was gut schmeckt. Auch Karotten und Äpfel haben die beiden Kleinen gerne gefressen. Eichhörnchenkinder haben meist ein noch gräuliches und sehr wuscheliges Fell, sehr große Augen und ein leicht spitzes Köpfchen. Der Schwanz ist noch nicht allzu buschig. Der im zeitigen Frühjahr geborene Nachwuchs hat meist auch noch lange Ohrpuschel, also Härchen an den Ohren.

Der Überraschungswurf

Im Jahr 2015 warteten wir natürlich wiederum sehnsüchtig auf Eichhörnchennachwuchs. Leider war es kein gutes Jahr für Eichhörnchen, denn viele bekamen einen Virus. Unter den Eichhörnchenkindern starben viele daran, auch in den Wildtierauffangstationen. Im November 2015 gab es daher für uns eine große Überraschung – als ein neues Eichhörnchenkind auftauchte – bezie-

*Bitte bei verletzten Eichhörnchen
daran denken, dass sie eventuell
noch Geschwister haben.
Deshalb, wenn möglich, immer
wieder an der Fundstelle nach
weiteren Hörnchen Ausschau halten.*

hungsweise waren es zwei, wie wir erst später herausfanden. Offensichtlich handelte es sich um ein relativ spät geborenes Jungtier. Wir gaben ihm den Namen Schorsch. Seinen Bruder nannten wir dann Schorschino.

Erste Hilfe

Wenn einem ein Eichhörnchenkind hinterherläuft oder versucht, am Hosenbein hochzuklettern, bedeutet dies, dass es schon länger ohne Nahrung unterwegs ist. Es nimmt dann seinen ganzen Mut zusammen und braucht dringend Hilfe! Man darf Eichhörnchenkinder anfassen, die Mutter lehnt sie wegen des menschlichen Geruchs nicht ab. Zunächst sollte man ein gefundenes Eichhörnchenbaby wärmen, falls es unterkühlt ist. Wenn es warm ist, noch kräftig genug und unverletzt, kann man es in einem Körbchen oder Karton erhöht positionieren und schauen, ob es die Mutter wieder zurückholt. Dies klappt aber nur bei einem warmen Eichhörnchen. Dabei sollte man die Umgebung stets beobachten. Sind Katzen oder Rabenkrähen in der Nähe, sollte man nur mit größter Aufmerksamkeit eine Rückführung versuchen. Klappt eine Rückführung nicht oder ist das Tier verletzt, sollte man es in Obhut nehmen und genau untersuchen. Fliegeneier, Zecken und Flöhe sollten schnellstmöglich entfernt und abgesammelt werden. Niemals darf ein Flohmittel benutzt werden, denn daran können Junghörnchen sterben. Dann kontaktiert man am besten eine Wildtierauffangstation oder bei schweren Verletzungen einen wildtierkundigen Tierarzt.

Alltagsgeschichten

Ganz nah

Morgens führt unser erster Weg ins Wohnzimmer, und wir schauen hinaus, ob wir ein Eichhörnchen auf dem Nuss-Bistro oder im Futterkasten sehen. Oder ob der Besuch schon da war und alle Nüsse abgeräumt hat. Natürlich freuen wir uns dann sehr, wenn gerade ein Hörnchen da ist.

Ein Traum wird wahr

Das Wort Eichhörnchen basiert auf der indogermanischen Wurzel »aig« (sich heftig bewegend), woraus im Althochdeutschen »eihhorno« wurde (flink bewegendes Horn), wobei sich »Horn« auf die Schwanzform bezog.

Filippo kam, nachdem er sich sein eigenes Revier gesucht hatte, nur noch ganz sporadisch zu uns. Meistens im Frühjahr und Sommer, wenn die Vorräte zur Neige gehen, es aber in der Natur noch keine neuen Früchte, Samen und Nüsse gibt. Zu unserer großen Freude kam er auch im Frühjahr und Sommer 2015 wieder zu uns. Wir hatten ihn bestimmt ein Jahr nicht mehr gesehen. Er war ziemlich ausgehungert und hat sich über die Sonnenblumenkerne hergemacht.

Es war unser beider Wunsch, dass uns eines Tages ein Hörnchen aus der Hand frisst. Es war Rainer, der als Erster an einem Sommertag das Glück hatte.

Filippo pirschte sich vorsichtig immer näher an, bis er die Nuss aus der Hand fraß!

Ich war an dem Tag nach Frankfurt gefahren und kehrte erst am Abend zurück. Filippo saß müde auf der Futterkasten-Plattform, als Rainer nach Hause kam. Rainer ging ein ganzes Stück auf die Wiese, um ihn besser fotografieren zu können. Zunächst ist Filippo auf den Baum gesprungen, kam dann aber runter auf den Rasen. Und, anstatt zu flüchten, näherte er sich neugierig Rainer, angelockt vom Klicken der Kamera.

Dabei pirschte er sich vorsichtig an, immer mal nach rechts springend, dann wieder nach links. Bis er letztlich so nah kam, dass Rainer ihn nicht mehr scharf mit dem Teleobjektiv fotografieren konnte. Das Motiv war klar: Er hatte Hunger und wollte sich seine Nussgage abholen! Rainer ist also ins Haus gegangen, um Nüsse zu holen – und sein Handy. So konnte er mit einer Hand filmen und mit der anderen Hand Filippo die Nüsse hinhalten! Filippo kam im Zickzackkurs vorsichtig immer näher, bis er an der Hand schnüffelte und auf der Suche nach Nüssen leicht in diese hineinbiss. Rainer erschrak so sehr, dass er mit der Hand zuckte und vor Schreck die Nüsse fallen ließ. Filippo sprang auch erschrocken wieder etwas weg. Beide hatten sich aber schnell von diesem Schreck erholt, sodass Filippo es gleich noch einmal wagte und dieses Mal wirklich auch eine Nuss erwischte. Mit dieser ist er dann weggesprungen, um sie ein wenig erhöht auf der Plattform des Futterkastens zu verspeisen. Kaum hatte er die Nuss gefressen, kam er wieder zu Rainer gesprungen und holte sich die nächste.

Als ich schließlich nach Hause kam, erzählte mir Rainer begeistert von seinem Erlebnis und zeigte mir die Filme. Er hoffte natürlich, dass Filippo auch mir aus der Hand fressen würde. Eine Weile später kam Filippo wieder vom Baum herunter und sprang in Richtung unserer Terrasse. Ich habe mich gleich auf den Boden gekniet und ihm Nüsse auf der Hand angeboten. Und tatsächlich, obwohl er vorher so viel gefressen hatte, kam er vorsichtig zu meiner Hand gesprungen und holte sich eine Nuss. Das war ein tolles Gefühl!

*Auch wenn es schneit, gehen die
Eichhörnchen auf Futtersuche.
Auf dem weißen Untergrund kann
man sie besonders gut erspähen.*

Immer auf der Hut

Eichhörnchen fressen ihre Nahrung am liebsten auf einem erhöhten Platz, wo sie einen guten Überblick haben, geschützt sind und bei Gefahr schnell flüchten können. Sie sind immer sehr wachsam, denn das ist für sie überlebenswichtig. Dabei achten sie auch darauf, was andere Tiere machen. Fliegen die Vögel auf, so ist das ein Signal für Gefahr, daher flüchten dann auch die Eichhörnchen. Besonders beliebte Plätze sind unsere Baumstümpfe und der Birkenbalken. Ihr Lieblingsplatz ist aber die Mauer aus Glasbausteinen. Dort haben sie einen guten Überblick, sind durch die Hauswand geschützt und können, wenn Gefahr droht, ganz schnell in die Tanne springen, die daneben steht.

Auch wenn Eichhörnchen über freie Flächen wie Rasen springen, sind sie immer sehr aufmerksam. Dabei kann man immer wieder beobachten, wie sie beim Springen stehen bleiben und auf die Hinterpfoten gestützt umherschauen und überprüfen, ob die Luft rein ist. Sie bleiben bei Gefahr auch regungslos stehen, allerdings nur an einer erhöhten Stelle, wo sie sich sicher fühlen. An Bäumen klettern sie nicht schnurstracks gerade hoch, sondern sie umrunden den Stamm, sodass sie vom Verfolger nicht mehr gesehen werden können.

Die Aktivität der Hörnchen ist je nach Jahreszeit sehr unterschiedlich. Die meiste Zeit der Wachphase dreht sich um die Nahrungssuche. Mit Beginn der Morgendämmerung machen sie sich meistens auf zur Futtersuche, allerdings gibt es auch Langschläfer bei den Hörnchen. Im Winter, je nach Temperatur, halten sie Winterruhe. Dann ist ihre Aktivität auf die frühen Morgenstunden begrenzt, die restliche Zeit schlafen sie im Kobel. Manchmal gehen sie sogar nur jeden zweiten Tag auf Futtersuche.

Eichhörnchen haben im Frühling und Sommer während des Tages zwei Aktivitätsphasen, eine am Morgen und eine am Nachmittag. Mittags ruhen sie meist, um dann vom Nachmittag bis in die frühen Abendstunden bzw. bis zur Dämmerung wieder auf Nahrungssuche zu gehen.

Neugier auf beiden Seiten

Eichhörnchen machen zwar immer einen etwas hektischen Eindruck und sind sehr flink, aber sie brauchen auch ihre Ruhezeiten. Manchmal kann man beobachten, wie sie einfach träumerisch irgendwo innehalten oder sich am Baum strecken.

Während unsere Eichhörnchen im Herbst und Winter unseren Garten weitgehend für sich alleine haben, müssen sie ihn im Frühling und Sommer mit uns teilen. In dieser Zeit müssen sich die Eichhörnchen wieder daran gewöhnen, dass wir auch hier leben und nicht nur Futterlieferant sind. Denn wenn es warm ist, sind wir fast nur draußen anzutreffen. Aber nach kurzer Eingewöhnungszeit haben sich die Hörnchen dann auch wieder daran gewöhnt und wir werden nur sehr selten »angekeckert« – beim sogenannten Ankeckern geben Eichhörnchen einen Warnruf ab. Während manch ein Hörnchen sich doch etwas daran stört, wenn wir auf der Terrasse sitzen, hemmt dies Filippo und Bambiii hingegen überhaupt nicht.

Hausbesichtigung

Und Bambiii kommt sogar hinein in unser Wohnzimmer. Sie ist ein besonders neugieriges Hörnchen. Erst hat sie auf der Terrasse herumgeschnüffelt. Vor der offenen Terrassentür stand eine Schale mit Sonnenblumenkernen, da hat sie auch mal ihre Nase hineingesteckt. Und dann ist es passiert: Wir hatten zum ersten Mal ein Hörnchen im Haus! Drinnen neben der Fußmatte stand nämlich noch eine Schale mit Nüssen, die lagern dort griffbereit. Daraus hat Bambiii sich eine leckere Nuss ausgesucht. Und wir standen keine 50 cm entfernt mit der Kamera in der Hand! Aber wir haben uns nicht getraut, uns zu bewegen, sonst wäre sie gleich weg gewesen.

Natürlich wollten wir gleich noch einmal ausprobieren, ob Bambiii wieder ins Wohnzimmer hereinkommen würde. Dafür haben wir ein paar Nüsse auf die Türschwelle gelegt. Bambiii kam auch prompt und hat sich die Nüsse geholt. Nach und nach haben wir die Nüsse immer weiter ins Wohnzimmer gelegt, und auch da hat sich Bambiii ihre Nüsse geholt. Sie war zwar vorsichtig und immer zur Flucht bereit, aber sie vertraute uns offensichtlich sehr. Denn manchmal hat sie sogar die Nuss gleich im Wohnzimmer gefressen. Zudem hat sie

Für Bambiii ist das Futterangebot im Wohnzimmer immer wieder verlockend. Ohne zu zögern springt sie ins Haus und macht sich auf die Suche!

neugierig den Boden und den Vorhang hinter der Tür abgeschnüffelt, um zu sehen bzw. riechen, ob es irgendwo vielleicht noch leckerere Nüsse gibt.

Inzwischen wusste sie genau, dass sich unsere Holzschale mit den Nüssen seitlich neben der Tür befindet. Also hat sie sich auch immer wieder selbst bedient, wenn wir draußen im Garten waren und die Tür offen stand. Ihr erster Weg führt immer erst einmal hinein ins Wohnzimmer. Selbst wenn auf dem Nuss-Bistro die leckersten Nüsse liegen, da müsste sie ja erst hinaufspringen. Eichhörnchen versuchen immer, ihre Nahrung mit dem geringsten Energie-aufwand zu bekommen. Dieses Verhalten war allerdings für uns ungünstig, wenn wir einen bestimmten Bildaufbau auf dem Tisch vorgenommen hatten und Bambiii dort fotografieren wollten. Dann dauerte es unter Umständen eine Weile, bis sie endlich auf den Tisch gesprungen ist.

Nussdepot im Wohnzimmer

Einmal waren wir auf der Terrasse, als Bambiii mal wieder unser Wohnzimmer aufsuchte. Aber sie kam nicht heraus! Stattdessen sprang sie aufs Sofa und

Bambiii schafft es sogar, zwei Haselnüsse auf einmal im Maul abzutransportieren. Das spart natürlich Zeit und Energie!

Den Eichhörnchen ist es egal, ob sie einen vom Malen abhalten. Für sie zählt nur der Futternachschub.

suchte nach einem guten Versteck für ihre Nuss. Dieses fand sie schließlich in der lockeren Erde unseres Ficus-Baumes. Dort hat sie ihre Nuss vergraben und kam wieder herausgesprungen. Wir haben die Nuss natürlich dort gelassen und warten jetzt darauf, dass Bambiii eines Tages an die Türe klopft und ihre Nuss wiederhaben will!

Die Hörnchen stehlen die Show

Ich bin Hobbymalerin. Allerdings machen es mir die Hörnchen immer besonders schwer, wenn ich draußen malen will. Denn genau in diesem Moment tauchen sie zahlreich und von allen Seiten auf. Dann kann ich nicht anders und muss erst einmal die Eichhörnchen fotografieren.

Auch eines Tages im Juni hatte ich mir vorgenommen, im Garten zu malen, denn das Wetter war gut und es blühte dort einiges. So auch der Rittersporn neben dem Birkenbalken, der als Eichhörnchenfutterstelle dient. Ich setzte mich neben den Balken und begann, die hübschen blauen Blüten zu malen. Als ich ganz vertieft war in die Malerei, hörte ich plötzlich ein bekanntes Knabbergeräusch. Da saß Bambiii auf dem Balken neben mir und ließ sich eine Haselnuss schmecken. Meine Aquarellfarben auf dem Papier trockneten an, da ich es nicht lassen konnte, Bambiii zu beobachten. Ich bin immer wieder begeistert, welches Vertrauen uns unsere Hörnchen schenken.

Beim Bau dieses ungewöhn-
lichen Kobels hat sich Antonia an
Vlies- und Jutestücken in unseren
Blumenbeeten bedient.

Der Kobel

Das Nest der Eichhörnchen wird Kobel genannt. Es wird in mehr als vier Metern Höhe eng am Hauptstamm in die Astgabeln gebaut, und zwar bevorzugt so, dass es nicht sichtbar und somit geschützt vor Feinden ist. Gebaut werden die Kobel mithilfe von Reisig, dünnen Ästen und allerlei weichem Füllmaterial wie Moos, Federn und Gras. Bevorzugt werden dabei immergrüne Bäume wie Tannenbäume, da der Kobel im Winter in Laubbäumen seine Tarnung durch die Blätter verlieren würde. Es hängt aber auch von der Umgebung ab, ob es dort überhaupt geeignete Bäume gibt. Manche Eichhörnchen bauen ihre Kobel sogar in Blumenkästen, wenn sie keine passenden Bäume finden. Eichhörnchen haben mehrere Kobel: einen Hauptkobel sowie mehrere Nebenkobel, einen für tagsüber, einen für nachts sowie Sommer- und Winterkobel. Falls ein Kobel mit Parasiten verseucht ist, können sie ganz schnell in einen anderen umziehen. Die Weibchen haben für ihren Nachwuchs einen Wurfkobel, den sie jederzeit mit den Kleinen verlassen können, sollte Gefahr bestehen.

Wir haben für unsere Eichhörnchen selbst einen Kobel aus Holz gebaut mit drei Ein- und Ausgängen und ihn in sechs Metern Höhe an die Zeder gehängt. Allerdings so, dass wir ihn gut sehen können. Leider ist er von den Eichhörnchen nicht angenommen worden. Ein Kobel hat immer mehrere Ein- und Ausgänge, damit die Hörnchen bei Gefahr schnell flüchten können. Ein Eingang sollte im Boden sein. Die jungen Eichhörnchen wie Antonia haben ihn gern als Spielplatz und als vorübergehenden Ruhekobel benutzt. Aber dauerhaft eingezogen ist bislang kein Eichhörnchen. Das liegt vermutlich daran, dass der Kobel zu gut sichtbar ist – auch für alle Feinde. Außerdem gibt es in unserer Umgebung genug geeignete Bäume für den Kobelbau.

*Hinter dem Vlies war Bambiii
kaum noch zu sehen und manchmal lugte nur noch ein Öhrchen
hervor. Es sah doch glatt so aus, als
wollte sie sich zu Fasching ver-
kleiden und als Gespenst gehen!*

Ein Gespenst geht um

Manchmal treiben bei uns auch dreiste Diebe ihr Unwesen. Denn die Hörnchen klauen sich gerne bei uns Füll- und Baumaterial für ihre Kobel. Der Winterschutz für unsere Pflanzen ist schon sehr oft von den Hörnchen entwendet
und zweckentfremdet worden! Jedes Jahr um die Paarungszeit suchen und
entwenden die Hörnchen allerlei Nistmaterial. Aber auch zu anderen Zeiten
konnten wir schon Kobelumbauarbeiten beobachten.

Willi hat einst damit angefangen, als es im März 2013 noch einmal geschneit
hatte. Und alle anderen Hörnchen haben es ihr nachgemacht. So auch eines
Tages Ende Dezember. Es hatte geschneit und war recht kalt. Da kam Bambiii
vorbei und dachte sich anscheinend, dass sie sich ihren Kobel noch wärmer
einrichten sollte, zum Schutz gegen die Kälte. Unsere Kräuter und Olivenbäu-
me hatten wir auf der Terrasse mit weichem Vlies zum Schutz vor Frost einge-
packt. Daran zerrte Bambiii und schaffte es doch tatsächlich mit viel Geduld
und Kraft, das Vlies von den Pflanzen wegzuziehen. Allerdings war der Stoff
extrem lang und verhedderte sich immer wieder. Bambiii versuchte also auf
Eichhörnchenart, das Vlies zu einem Bündel zusammenzuknäueln, um es im
Maul abtransportieren zu können. Sie gab alles für einen warmen, kuscheligen
Kobel! Das Vlies war aber doch leider zu lang, und irgendwann hat sie es erst
einmal aufgegeben, um dann später wiederzukommen. In der Zwischenzeit hatten wir aber kleinere Stücke abgeschnitten, sodass sie doch noch erfolgreich
warmes Kobelmaterial abtransportieren konnte.

Nachahmungstäter

Antonia machte es Bambiii nach und klaute sich Vlies und roten Jutestoff. Damit hat sie sich einen ganz tollen Kobel in der Zeder gebaut. Allerdings stellten wir und dann auch sie leider fest, dass das Material als Außengerüst nicht so ganz sturmfest ist. Bei einem starken Sturm hat es sich ziemlich aufgelöst, sodass sich Antonia einen neuen Kobel bauen musste.

Auch Schorschi, Bambiiis Sohn, hat den Stoffklau anscheinend in seinen Genen. Denn auch er kam im kalten Februar vorbei, um sich seinen Kobel aufzuhübschen und wärmer einzurichten. Und er hatte sich ebenfalls etwas damit übernommen und wollte gleich zwei Jutestücke abtransportieren. Mühsam hat er diese dann bis in den Garten gezerrt. Dort hat der Stoff sich so um ein paar Äste gewickelt, dass Schorschi schließlich einsah, dass ein Jutestück auch erst einmal ausreichte. Damit verschwand er dann in unsere Zeder. Er scheint sich also bei uns so wohlzufühlen, dass er auch in unsere Zeder einen Kobel gebaut hat, ganz in der Nähe der Nussquelle. Ein weiteres Stück Jute hat er mitgenommen in seinen anderen Kobel, in der hohen Tanne im Nachbargarten. Manchmal finden wir aber auch die Stoffstücke in den Bäumen hängend vor.

Jedes Jahr wieder sind unsere Hörnchen fleißig dabei, unseren Pflanzenwinterschutz zu klauen.

Modelkarriere

Eine Leidenschaft entwickelt sich

Die Eichhörnchenfotografie hat sich nach und nach bei uns zu dem entwickelt, was sie heute ist: extra in Szene gesetzte und saisonale, lustige Hörnchenfotos. Und die Eichhörnchen lieben es, für uns Modell zu stehen, wenn sie nur genügenc Nüsse als Belohnung bekommen.

Das Eichhörnchenorakel

Angefangen hat alles mit dem Eichhörnchenorakel zur Fußballweltmeisterschaft 2014. Für das Orakel haben wir drei kleine Plastikbecher mit der entsprechenden Flagge beklebt. Dann haben wir die Becher auf eine Holzplatte montiert und auf die Plattform vor dem Futterkasten geschraubt. Auf jeden Becher setzten wir eine Nuss. Und dann hieß es erst einmal warten. Nicht selten mussten wir ein paar Stunden auf sie warten. Und manchmal kam statt eines Hörnchens eine Meise vorbei und schaute, ob es Sonnenblumenkerne für sie gab.

Die Hörnchen waren am Anfang etwas irritiert und haben sich gefragt, was der Aufbau vor der Plattform zu bedeuten habe. Aber sie haben sich schnell daran gewöhnt. Die ausgewählte Nuss zeigte an, welche Mannschaft gewinnen würde. Wir hatten viel Spaß mit dem Eichhörnchenorakel. Angesichts der Richtigkeit der vorhergesagten Ergebnisse ist jedoch zu befürchten, dass es mit der Fußballkompeterz von Eichhörnchen nicht zum Besten gestellt ist.

Von der Eichhörnchen-Muse geküsst

An diesen Inszenierungen fanden wir immer mehr Gefallen. So fingen wir damit an, uns lustige Szenen auszudenken und das Nuss-Bistro entsprechend zu dekorieren. Und da Eichhörnchen sehr neugierig sind und Nüsse sehr gut riechen können, gelangen uns mit viel Geduld die Fotos, die wir uns vorgestellt hatten. Am Anfang haben wir einfach gekaufte Deko verwendet, die uns ins Auge fiel, so wie z. B. der Miniatureinkaufswagen. Nach einiger Zeit sind wir aber immer öfter dazu übergegangen, die Gegenstände für diese Szenen selbst zu gestalten. Wir basteln unsere Requisiten selbst oder lassen uns extra passende Accessoires herstellen.

Natürlich haben wir auch für Nikolaus ein Eichhörnchenshooting gemacht. Dafür hat uns eine Kollegin extra einen Strumpf mit Eichhörnchenmotiv in der passenden Größe gestrickt. Bei diesem Shooting hatten wir Glück mit dem Wetter, denn es schien die Sonne. Bambiii ist unser bestes Model, und der Nikolausstiefel machte ihr keine Angst. Und als Malerin lag es für mich selbstverständlich nahe, dass ich den Hörnchen, in diesem Fall Schorschi, Malunterricht gebe. Das Porträt ist durchaus gelungen!

Der »klaane Schorsch« überlegt gerade, welche Farbe auf dem Bild noch fehlt. Ob Schorschi die Ähnlichkeit erkennt?

Making of

Man braucht sehr viel Geduld für die Eichhörnchenfotografie, wie auch für die Wildtierfotografie allgemein. Auch wenn die Eichhörnchen zu uns in den Garten und auf die Terrasse kommen, dauert es trotzdem meist recht lange, bis ein gutes Bild gelingt. Denn es sind Wildtiere, die ihren eigenen Kopf haben und sich nicht dressieren lassen.

Manchmal ist auch tagelang das Licht nicht gut. Oder das Licht ist perfekt, aber kein Eichhörnchen kommt vorbei. Oder sie kommen zwar, sind aber mehr damit beschäftigt, sich gegenseitig zu verjagen. Dann wiederum haben wir manchmal gerade keine Zeit, auch wenn das Licht ideal ist und die Hörnchen da sind. Oft nutzen wir ganz spontan einfach die Gunst der Stunde, wenn das Licht gut ist und ein Eichhörnchen da ist, und müssen dann in Windeseile den Aufbau vornehmen. Deshalb gelingt uns meist nur ein ganz kleiner Bruchteil der Fotos. Dafür ist die Freude umso größer, wenn ein schönes Foto im Kasten ist. Natürlich ist auch immer ganz viel Glück mit im Spiel – auch wenn wir filmen und genau in dem Moment etwas Tolles passiert.

Links: Da Bambiii immer von der linken Seite auf das Nuss-Bistro sprang, haben wir den Einkaufswagen so gedreht, dass die Lenkerstange in ihre Richtung zeigte.

Bambiii gefiel unser Kürbis mit geschnitzter Eichhörnchensilhoutte. Auch wenn sie leider nicht in den Kürbis hineinspringen wollte. Er war ihr wohl zu glitschig.

Große Talente

Die meisten Eichhörnchen haben keine Angst vor der Kamera und ihrem Klicken, und die, die zu Beginn Angst hatten, haben sich schnell daran gewöhnt. Außerdem fotografieren wir gerade im Winter meist durch die Scheibe hindurch. Trotzdem weiß man nie, wo die Hörnchen nun gerade hinspringen, und es dauert, bis sie das machen, was man sich von ihnen erhofft. Manchmal wartet man auch vergebens. Aber einige unserer Eichhörnchen scheinen am Modeln sehr viel Gefallen zu finden. Gerade unsere Bambiii ist das geborene Model. Sie hat nie Angst vor unseren Aufbauten und nimmt alles hin, solange wir leckere Nüsse für sie haben. Und ihr Sohn Schorschi macht es ihr schon nach, er ist auch sehr begabt. Aber nicht alle unsere Hörnchen sind von unseren Ideen begeistert. Rosso und Sherlock sind meistens etwas skeptisch und scheinen sich zu denken: »Was haben die sich nun schon wieder ausgedacht?«.

Mit der Zeit haben wir sowohl unseren Aufbau als auch die Kameraausrüstung immer mehr optimiert. Da der Futterkasten an unserer Zeder hängt, die ca. zehn Meter vom Haus entfernt steht, haben wir uns ein Teleobjektiv gekauft. Am Anfang haben wir mit einer gewöhnlichen Spiegelreflexkamera fotografiert. Dann haben wir uns eine Vollformatkamera gekauft, die auch bei trübem Wetter noch sehr gute Fotos macht.

Manchmal benutzen wir ein Stativ, das wir zusätzlich noch mit einem sogenannten Gimbal Head ausgestattet haben. Damit können wir die Kamera ganz flexibel bewegen und so den Bewegungen der Hörnchen folgen. Das Nuss-Bistro dient uns nun immer als Kulisse für unsere Inszenierungen, und da der Tisch Rollen hat, können wir ihn dorthin bewegen, wo das beste Licht ist.

*Die Halterung samt Stab
haben wir anschließend mit
Photoshop wegretuschiert.
Die Illusion ist perfekt!*

Für Weihnachten haben wir einen schönen Mini-Rentierschlitten gekauft. Für den Aufbau wurde er auf eine Plastikscheibe geklebt und diese mit Magneten an einem Stab befestigt. Der Stab wurde auf eine Holzplatte gesteckt. Eines Sonntags haben wir unsere Hörnchen dann zum Weihnachtsshooting geladen.

Und fünf sind gekommen. Bambiii hat sofort erst mal den Bildaufbau zerstört und den Rentierschlitten zum Absturz gebracht. Beim nächsten Versuch klappte es, und sie holte sich ihre Nuss direkt vom Schlitten.

Nach ihr kam Schorschi und war ebenfalls total begeistert. Er hat sich auch seine Nuss direkt vom Schlitten geholt. Aber wie Kinder halt so sind, war ihm das nicht genug. Er fand den Rentierschlitten so toll, dass er ihn komplett haben wollte.

Tierfotografie

Eichhörnchen zu fotografieren kann eine kniffelige Angelegenheit sein. Sie sind flink, oft in Bäumen unterwegs und weit weg. Das bedingt eine gute und lichtstarke Fotoausrüstung sowie viel Erfahrung. Aber man kann es sich auch einfacher machen und sich ihre Neugierde, den großen Appetit und den Trieb zum Schaffen von Vorräten zunutze machen. Regelmäßiges Auslegen von Nüssen und das Beobachten der Verhaltensweisen, z. B. von welcher Seite oder von welchem Baum sich die Eichhörnchen dem gewohnten Futterplatz nähern, ist hier eine gute Hilfe. Positioniert man sich dann ruhig an einer geeigneten Stelle und hat ein bisschen Geduld, entstehen schnell gute Bilder. Eine möglichst kurze Verschlusszeit der Kamera ist hilfreich, um auf den Bildern die Bewegungsunschärfe der quirligen Kerlchen zu vermeiden.

Lockmittel

Richtig füttern

Wer Eichhörnchen anlocken möchte, sollte ihnen Futter und Wasser anbieten. Man kann Eichhörnchen problemlos zufüttern, da sie sich niemals an nur eine Futterstelle gewöhnen. Ideal ist eine erhöhte Futterstelle, z. B. an einem Baum, sodass die Eichhörnchen vor Feinden besser geschützt sind und schnell auf den Baum fliehen können. Mehrere Futterstellen bieten den Vorteil, dass sich die Eichhörnchen aus dem Weg gehen können. Das Zufüttern ist vom Spätherbst bis in den Sommer sinnvoll. Denn im Frühling und bis in den Sommer hinein ist meist noch kein ausreichendes Nahrungsangebot in der Natur vorhanden und die im Herbst versteckten Vorräte sind aufgebraucht.

Eichhörnchen halten keinen Winterschlaf, sondern Winterruhe. Daher brauchen sie den ganzen Winter über Nahrung. Sie gehen dann, je nach Witterung, nur morgens auf Futtersuche oder auch nur alle paar Tage und schlafen ansonsten sehr viel. Entsprechend müssen sie im Herbst viele Vorräte angelegt und vergraben haben. Wir füttern das ganze Jahr über, aber im Herbst kommen die Hörnchen sehr selten, denn dann gibt es genug Nahrung in der Natur.

Die beiden Futterkästen sind sehr beliebt und oft gleichzeitig belegt. Nicht selten streiten sich die Hörnchen aber auch um einen Futterkasten.

Viele Nüsse werden sofort ver-
graben, während die Karotten gerne
an Ort und Stelle verspeist werden.

Die liebsten Speisen

Nüsse sind natürlich ideal, aber es sollten einheimische Nüsse sein, also Walnüsse und Haselnüsse. Außerdem schmecken ihnen Sonnenblumenkerne, Kürbiskerne, Tannen-, Fichten- und Kiefernzapfen, Bucheckern und auch Obst und Gemüse wie Karotten, Äpfel, Zucchini, Trauben, Birnen und Wassermelonen. Sie mögen aber auch Esskastanien und sogar Pilze. Am besten die Nüsse und Sonnenblumenkerne mit Schale füttern, damit die Hörnchen ihre nachwachsenden Nagezähne abnutzen können. Die Eichhörnchen öffnen die Nüsse, indem sie ein Loch hineinfressen und dann mit den Schneidezähnen wie mit einer Brechstange die Nüsse aufbrechen.

Es wird empfohlen, keine Erdnüsse zu füttern. Zum einen ist es keine einheimische Nahrung, zum anderen sind diese durch den langen Transportweg oft mit Schimmel befallen. Auf keinen Fall sollten Mandeln gefüttert werden! Diese können giftig für die Eichhörnchen sein. Selbst gesammelte Walnüsse sollten getrocknet werden, damit sie nicht mit Schimmel befallen werden.

Fressen mit System

Die Hörnchen riechen an den Nüssen, ob sie gut sind und nehmen sie dann in die Pfoten. Sie drehen die Nüsse und riechen daran, um zu entscheiden, ob sie sich zum Vergraben eignen oder besser gleich gefressen werden sollten. Entscheiden sie sich fürs Vergraben, wird in die Erde ein Loch gebuddelt, die Nuss hineingelegt und mit den Pfoten zugegraben.

Antonia ist das einzige Eichhörn-chen, das Wassermelone isst (oben). Dafür transportiert Rosso auch mal ganze Äpfel ab (unten).

Mit der Schnauze wird die Erde dann festgedrückt. Die Eichhörnchen achten darauf, dass sie dabei nicht beobachtet werden, damit das Versteck nicht geplündert wird. Manchmal geben sie auch vor, ein Loch zu graben, um even-tuelle Nussräuber in die Irre zu führen und verstecken die Nuss anschließend woanders.

Äpfel und Karotten mögen unsere Hörnchen auch sehr gerne, wobei Karot-ten ihnen am liebsten sind. Dabei haben die Hörnchen eine sehr ausgefalle-ne Nagetechnik: Sie fressen das Innere aus den Karotten und lassen eine hauchdünne Schale zurück. Trauben mögen sie gar nicht und auch keine Ess-kastanien. Obst und Gemüse sollte immer Bioqualität haben, denn die Eich-hörnchen sind sehr empfindlich und können auf gespritzte Ware mit Durchfall reagieren. Gerne verstecken die Hörnchen Obst- und Gemüsestücke in den Bäumen, statt sie gleich zu fressen.

Als es im Sommer so heiß war, haben wir ausprobiert, ob unsere Hörnchen auch Wassermelone mögen. Wir haben einige kleine Stücke geschnitten und auf die Plattform des Futterkastens gelegt. Allerdings wurden diese von allen Hörnchen ignoriert – außer von Antonia. Sie hat ein bisschen an der Melone geknabbert und sie dann nach oben in die Zeder geschleppt, um sie dort in Ruhe zu fressen.

Auch ganze Äpfel wurden schon abtransportiert! Eigentlich hatten wir diese für die Amseln auf den Boden gelegt. Aber Rosso hat sich einen großen Apfel geschnappt und es auch tatsächlich geschafft, ihn mit großer Mühe auf die Zeder zu schleppen. Aus Angst, dass wir eines Tages mal einen Apfel auf den Kopf geschmissen bekommen, schneiden wir jetzt die Äpfel in kleinere Stücke.

Flexibel beim Trinken: kopfüber und aus der Gießkanne klappt ohne Probleme. Und im Winter wird auch mal Schnee gefressen.

Wasser nicht vergessen

Eichhörnchen brauchen viel Wasser, daher sollte ihnen auch immer eine Schale mit frischem Wasser angeboten werden. Diese sollte regelmäßig neu befüllt und gereinigt werden, damit sich keine Krankheitskeime ausbreiten. Ideal wäre es, die Wasserstelle an einer erhöhten Position anzubringen. Dies ist bei uns nicht der Fall, aber die Bäume sind in unmittelbarer Nähe. Unsere Hörnchen trinken auch sehr gerne aus den Gießkannen. Deshalb achten wir immer darauf, dass sie bis oben hin gefüllt sind. So könnte ein Hörnchen wieder herausklettern, sollte es hineinfallen. Aus diesem Grund sollten im Sommer auch Regentonnen abgedeckt und Teiche mit Notausstiegen versehen werden.

Der Futterkasten

Ganz wichtig ist beim Futterkasten, dass die vordere Sichtscheibe nicht bis ganz oben reicht. sondern einen ca. 1 cm großen Spalt zum Dach aufweist. Sollte nämlich ein zweites Eichhörnchen aufs Dach springen, während ein anderes gerade das Köpfchen in den Futterkasten steckt, könnte eine mit dem Dach abschließende Scheibe wie eine Guillotine wirken. Und es kommt häufig vor, dass sich zwei Hörnchen oder mehr am Futterkasten tummeln. Ideal ist ein kleines Hölzchen auf dem Ende der Sichtscheibe, damit sich die Tiere daran nicht verletzen können. Mit etwas handwerklichem Geschick und geeignetem Werkzeug können ungeeignete Bauweisen korrigiert werden.

Oft tummeln sich gleich mehrere Hörnchen im und auf dem Futterkasten. Deshalb ist der Spalt bei der Sichtscheibe so wichtig.

Bei uns ist der Spalt allerdings etwas groß ausgefallen. Deshalb schaffen es auch die Meisen hinein. Das finden wir aber nicht schlimm. Auch ist der Futterkasten recht groß, dafür passt aber auch ein Eichhörnchen ganz hinein (oder auch mal zwei!). Wird der Kasten oft ausgeleert und gereinigt, ist diese Größe kein Problem.

Das Holz sollte möglichst unbehandelt sein. Auf keinen Fall sollte der Futterkasten aus kesseldruckimprägniertem Holz gefertigt sein, da dies schädlich für die Eichhörnchen ist. Sie nagen manchmal durchaus am Holz. Die Ritzen sollten nicht dicht versiegelt werden, sodass der Kasten immer wieder austrocknen kann und sich kein Schimmel bildet. Der Deckel darf nicht zu schwer sein, damit ihn auch die kleineren Eichhörnchen anheben können. Wir haben eine dünne Kunststoffplatte verwendet.

Der Kasten wird üblicherweise an einen Baum gehängt, am besten in einer Höhe, die von Katzen nicht so leicht erreicht werden kann. Dennoch sollte er nicht zu hoch hängen, damit er leicht ausgeleert werden kann. Wenn er dann mit Nüssen oder anderen Leckereien befüllt ist, heißt es abwarten. In der Regel verstehen die Eichhörnchen sehr schnell, wie sie an das Futter gelangen!

Unser Tipp: Für all diejenigen, die gerne selbst einen Futterkasten bauen möchten, bieten wir eine ausführliche **Schritt-für-Schritt-Anleitung** bequem zum Runterladen und Ausdrucken an auf **www.blv.de** beim Titel »Eichhörnchen ganz nah«.

Mythen

*Im Winter sieht das Fell oft etwas gräu-
lich aus, das ist dann das Winterfell. In
Mittelgebirgen oder reinen Nadelwäldern
gibt es häufig mehr dunkle Eichhörnchen, da ihnen in diesen Lebensräumen
dunkleres Fell eine bessere Tarnung und
Thermoregulation bietet.*

Mythos Grauhörnchen

Viele denken, und uns ging es genauso, dass nur die roten Eichhörnchen die
europäischen Eichhörnchen sind, und z. B. die braunen zu den nordameri-
kanischen Grauhörnchen gehören. Dies ist ein weit verbreiteter Irrtum! In
Deutschland gibt es bislang keine Grauhörnchen. Alle hier ansässigen Eichhörnchen gehören zu den europäischen Eichhörnchen. Diese können ganz
unterschiedliche Fellfärbungen aufweisen: vom kräftigen Orangerot bis hin zu
Braun und sogar Schwarz. Allen gemein ist aber, dass sie einen weißen Bauch
haben. Das Winterfell sieht meistens etwas gräulich aus. Unsere einheimischen Eichhörnchen haben meistens im Winter Härchen an den Ohren (siehe
S. 81), während die Grauhörnchen dies nicht haben.

Grauhörnchen in Europa

Grauhörnchen gibt es in Europa schon in Großbritannien und Italien. Das Problem ist, dass sie größer und robuster sind als unsere Eichhörnchen. Die
Grauhörnchen in Großbritannien übertragen ein Virus, das für unsere Eichhörnchen tödlich ist, die italienischen Grauhörnchen haben dieses Virus allerdings nicht. Die Insellage von Großbritannien und der Alpenkamm verhindern
aber bislang eine Einwanderung der Grauhörnchen nach Deutschland. In
Großbritannien spielen mehrere Gründe für die Verdrängung des einheimischen
Eichhörnchens eine Rolle. Zum einen wurden vom 15. bis zum 17. Jahrhun-

dert die Wälder großflächig abgeholzt, sodass die Tiere in vielen Regionen fast gänzlich verschwanden. Durch schnell wachsende, nicht heimische Bäume im 19. Jahrhundert nahm die Zahl der Eichhörnchen wieder drastisch zu, sodass die Tiere schnell wieder als Plage galten und stark bejagt wurden. Zeitgleich sorgte das eingeschleppte Virus der freigelassenen Grauhörnchen für eine hohe Sterblichkeit bei den Eichhörnchen.

Eichhörnchen und Vögel

Wir werden immer wieder darauf angesprochen, dass Eichhörnchen so große Schädlinge seien und die Nester der Vögel plünderten. Eichhörnchen sind jedoch Nagetiere und ernähren sich weitgehend vegetarisch. Manchmal werden kleine Insekten, die unter der Rinde versteckt sind, vertilgt. Vogeleier und Vogeljunge werden allerdings nur in der größten Not gefressen, wenn das Nahrungsangebot sehr knapp ist. Dies ist sehr selten und vermindert auch nicht den Vogelbestand. Andererseits gibt es auch Vögel, die Eichhörnchen fressen, wie Greifvögel, Rabenvögel und Krähen. Letztere greifen oft die Kobel an, in denen junge Eichhörnchen liegen und holen sie sich für ihren Nachwuchs. Wir haben zu unserer Überraschung mal beobachtet, dass Rosso sogar eine Krähe gejagt hat, die sich seine Nuss holen wollte.

In unserem Garten haben wir die Erfahrung gemacht, dass Vögel und Eichhörnchen grundsätzlich gut nebeneinander leben können. Die Meisen z. B. holen sich auch aus dem Eichhörnchen-Futterkasten ihre Sonnenblumenkerne, während die Eichhörnchen sich auch mal am Vogelfutterhaus bedienen. Sie fressen manchmal auch direkt in unmittelbarer Nähe, ohne sich zu verjagen. Und die Eichhörnchen achten darauf, ob die Vögel vor Feinden warnen und flüchten dann ebenfalls.

Tierfreundlicher Garten

Ein Paradies für Tiere

In unserem Reihenhausgarten fühlen sich viele Tiere wohl. Dafür haben wir den Garten naturnah gestaltet. Das war aber nicht immer so. Als wir den Garten übernommen haben, lebten in der Zeder zwar bereits Eichhörnchen. Der Reihenhausgarten war jedoch sehr pflegeleicht angelegt, mit sehr vielen großen Kirschlorbeerpflanzen als Sichtschutz. Wir haben ihn nach und nach umgestaltet. Den Kirschlorbeer haben wir teilweise entfernt und Stauden und einjährige Pflanzen gepflanzt, die auch gut für Bienen etc. sind, und haben eine Wildblumenwiese angelegt.

Wasserreich

Ganz wichtig für alle Tiere sind Wasserstellen. Wir haben in unserem Garten zwei Teiche, die durch einen Bachlauf miteinander verbunden sind. Außerdem haben wir zwei Wassertränken für die Eichhörnchen und Vögel. Es sind glasierte Tonschalen, die sehr standfest sind und gut gereinigt werden können. Auch der Igel trinkt aus einer dieser Schalen. Außerdem dienen sie den Vögeln als Badestelle. Wichtig ist, diese Schalen häufig zu reinigen, damit sich keine Krankheitserreger verbreiten können. Außerdem legen wir immer einen Stein hinein, sodass keine Tiere wieder hinausklettern können, wenn sie in die Schalen fallen sollten.

*Unten: Obwohl wir täglich
neue Meisenknödel auf-
hängen, gibt es manchmal
Streit unter den Vögeln.*

Vogelfreude

Im Frühjahr 2015 haben wir mit der Ganzjahresvogelfütterung angefangen. Wir haben einen Meisenknödelhalter für vier Meisenknödel, der täglich befüllt wird. Von Frühjahr bis Herbst verbrauchen wir viel mehr Meisenknödel als im Winter, wenn die Vögel auch in anderen Gärten gefüttert werden.

Seitdem wir ganzjährig füttern, sehen wir viel mehr Vogelarten in unserem Garten als früher. So kommen Spatzen, Blaumeisen, Kohlmeisen, Sumpfmeisen und Haubenmeisen. Außerdem Buntspechte, Schwanzmeisen, Amseln, Stare, Eichelhäher, Türkentauben und Ringeltauben. Auch Wintergoldhähnchen sowie Buchfinken, Kleiber und Stieglitze besuchen unseren Garten. Ein Grünspecht kommt ab und zu vorbei. Wir haben aber auch Rotkehlchen und Rotschwänzchen im Garten.

Seit wir die Ganzjahresfütterung bei den Vögeln eingeführt haben, haben wir kaum noch Blattläuse. Im Frühjahr sind die Pflanzen noch voll davon, aber dann, wenn die Vögel ihre Jungen aufziehen, werden die Blattläuse von ihnen für die Jungenaufzucht verwendet. Die Ganzjahresfütterung ist etwas umstritten, weil es heißt, dass die Vögel ihre Jungen dann mit diesem Futter füttern würden anstatt mit Insekten. Wir konnten aber beobachten, dass dies nicht stimmt. Die Meisen fressen das Futter der Meisenknödel selbst und füttern ihre Jungen nicht damit. Erst wenn der Nachwuchs älter ist und auf Körnernahrung umgestellt wird, haben unsere Meisen ihren Nachwuchs mit dem Futter der Meisenknödel versorgt, ebenso verhalten sich die Spatzen.

Meisen im Eichhörnchen-Futterkasten

Unser Eichhörnchen-Futterkasten ist auch bei den Meisen und Kleibern sehr beliebt. Denn der Spalt oben ist recht groß, sodass sie dort hindurchfliegen können. Manche Meisen finden leider nicht wieder hinaus. Sie flattern dann aufgeregt darin herum. Meistens schaffen sie es aber doch wieder hinaus. Wenn wir das sehen, beobachten wir es, um notfalls helfen zu können. Vor Kurzem war dies auch wieder der Fall. Nur kam in dem Moment, als die Meise aufgeregt im Futterkasten herumflatterte, ein Eichhörnchen den Baum herunter und steuerte den Futterkasten an. Und was machte das Hörnchen? Es hat gesehen, dass der Kasten besetzt ist und kletterte wieder den Baum hoch! Wir waren erstaunt und auch sehr stolz auf das Hörnchen.

Nisten im Rollladen

Wir haben einen Meisennistkasten auf dem Balkon, der zur Wetterseite, also zur Westseite, zeigt. Dies ist laut den Empfehlungen in Fachbüchern genau die Seite, nach der der Nistkasten nicht ausgerichtet werden sollte. Unsere Blau-

Die Meisen füttern ihren Nachwuchs fleißig mit Raupen und Insekten und sind den ganzen Tag unterwegs, um Futter heranzuschaffen.

Igel Harry geht abends, wenn es dunkel wird, auf Futtersuche. Nach seinem Winterschlaf wird er von uns noch mit Katzenfutter zugefüttert.

meisen sind da wohl anderer Meinung. Der Nistkasten an dieser Stelle war auch gar nicht geplant. Eines Sonntagmorgens im Frühling begannen zwei Blaumeisen, ein Nest in unserem Schlafzimmer-Rollladenkasten zu bauen. Da wir den Rollladen gerne weiterhin benutzen wollten, haben wir am nächsten Tag einen Nistkasten für Blaumeisen gekauft und direkt neben den Rollladen gehängt. Da im Rollladenkasten erst wenig Nistmaterial und noch keine Eier lagen, haben wir dieses Nistmaterial genommen und in den Nistkasten gelegt. Und es hat funktioniert! Die Meisen haben dies gleich verstanden und sich dort ihr Nest gebaut. Seitdem nisten sie jedes Jahr in diesem Kasten. Er ist regengeschützt durch das Dach und auch nur schwer zugänglich.

Unser Igel Harry

Da wir schon immer gerne einen Igel im Garten haben wollten, haben wir ein Igelhäuschen gebaut und aufgestellt. Seit letztem Jahr ist es bewohnt von Igel Harry. Manchmal liegt er aber auch unter unserem Holzstapel auf der Terrasse oder dem wilden Reisighaufen, wo sich auch anderes Getier verstecken kann. Igel sind reine Insektenfresser. Harry frisst gerne unterhalb des Meisenknödel-halters, denn an den heruntergefallenen Resten der Meisenknödel tummeln sich auch viele Insekten. Und er trinkt gerne aus der flachen Schale. Damit Igel überhaupt in den Garten gelangen können, sollte man darauf achten, dass der Zaun nicht zu dicht ist. Wir haben in unserem Jägerzaun ein paar Hölzer abge-sägt, sodass die Igel hindurchschlüpfen können.

Nun sind wir gespannt, welche Tiere wir noch in unseren Garten finden wer-den. Unsere Fotokamera haben wir auf jeden Fall immer parat …

Weiterführende Quellen

Adam, H. und Kauffelt, R.: www.eichhoernchenblog.de. Eichhörnchenblog mit ausführlichen Informationen über die Eichhörnchenfotografie und Kameratechnik.

Berthold, P. und Mohr, G.: Vögel füttern, aber richtig. Franckh-Kosmos Verlag, Stuttgart 2012

Bosch, S. und Lurz, P. W. W.: Das Eichhörnchen. VerlagsKG Wolf, Magdeburg 2014

Eichhörnchen-Hilfe Berlin/Brandenburg e.V.: www.eichhoernchenhilfe-berlin.de

Wildtierhilfe Odenwald »Koboldhof«: www.wildtierhilfe-odenwald.de

Danksagung

Bedanken möchten wir uns bei unserer Familie für ihr Verständnis während der arbeitsintensiven Zeit, in der das Buch entstand. Außerdem bedanken wir uns bei Korinna Seybold-Hase von der Wildtierhilfe Odenwald »Koboldhof«, die uns nicht nur immer mit Ratschlägen und Tipps zur Seite steht, sondern auch das Manuskript überprüft hat. Unser Dank gilt besonders auch dem BLV-Buchverlag und unserer Lektorin Danièle Böhm, die unsere Buchidee begeistert aufgenommen und uns immer wunderbar betreut und beraten haben. Unser Dank gilt auch unseren verständnisvollen Nachbarn, die wir mit unserer Eichhörnchenliebe angesteckt haben. Aber ganz besonders danken wir natürlich unseren »Sulzbachhörnchen«, ohne die es dieses Buch nicht geben würde und die uns immer sehr zahlreich und treu besuchen und uns sehr vertrauen. Eichhörnchen ganz nah erleben zu dürfen, ist für uns ein großes Privileg und dafür sind wir sehr dankbar. Und auch im Jahr 2016, während dieses Buch entstand, kam wieder neuer Nachwuchs in unseren Garten. Wir sind gespannt, wie es weitergeht mit unserem Eichhörnchen- und Tierparadies!

Über die Autoren

Heike Adam (Designerin/Malerin) und ihr Lebenspartner **Rainer Kauffelt** (Systemadministrator/Fotograf) füttern und fotografieren seit mehreren Jahren die Eichhörnchen in ihrem Garten in Sulzbach am Taunus. Mit der Zeit entwickelte sich eine solch große Leidenschaft für ihre »Sulzbachhörnchen« und die Tierfotografie, dass sie einen Eichhörnchenblog unter www.eichhoernchenblog.de starteten, um ihr Wissen weiterzugeben und die Fotos zu zeigen, die fast jeden Tag entstehen. Außerdem widmeten sie ihren wilden Tierfreunden auch eine Facebookseite. Mittlerweile ist der Eichhörnchenblog auch auf Instagram unter @eichhoernchenblog aktiv.

Impressum

Bibliografische Information der Deutschen Nationalbibliothek

Die Deutsche Nationalbibliothek verzeichnet diese Publikation in der Deutschen Nationalbibliografie; detaillierte bibliografische Daten sind im Internet über http://dnb.d-nb.de abrufbar.

 BLV Buchverlag GmbH & Co. KG

80636 München

© 2016 BLV Buchverlag GmbH & Co. KG, München

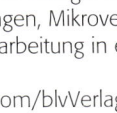 www.facebook.com/blvVerlag

Bildnachweis
Alle Bilder von Heike Adam und Rainer Kauffelt

Umschlagkonzeption und -gestaltung: BLV-Verlag
Umschlagfotos: Heike Adam und Rainer Kauffelt

Lektorat: Danièle Böhm
Herstellung: Angelika Tröger
Layoutkonzeption Innenteil: griesbeck design, München
Layout: Kathrin Michel, München

Gedruckt auf chlorfrei gebleichtem Papier

Printed in Italy
ISBN 978-3-8354-1585–0

Hinweis
Das vorliegende Buch wurde sorgfältig erarbeitet. Dennoch erfolgen alle Angaben ohne Gewähr. Weder Autoren noch Verlag können für eventuelle Nachteile oder Schäden, die aus den im Buch vorgestellten Informationen resultieren, eine Haftung übernehmen.

BLV im WEB

In unserem Webshop warten weit über 500 lieferbare Titel zu den Themen Garten, Natur, Sport, Fitness, Kreativ und Kochen auf Sie.

Surfen Sie doch mal vorbei, bestellen Sie **versandkostenfrei** und zahlen Sie bequem z.B. **auf Rechnung** oder schnell via **Paypal**.

Versandkostenfrei bestellen: **www.blv.de**